Concise Laboratory Manual
for Cytogenetics

细胞遗传学
实验室简明工作手册

赖 怡／编著

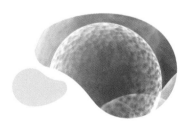

四川大学出版社

项目策划：张　澄　杨岳峰
责任编辑：张　澄
责任校对：王　峰
封面设计：墨创文化
责任印制：王　炜

图书在版编目（CIP）数据

细胞遗传学实验室简明工作手册 / 赖怡编著. — 成
都：四川大学出版社，2020.8
　ISBN 978-7-5690-3383-0

　Ⅰ. ①细… Ⅱ. ①赖… Ⅲ. ①细胞遗传学－实验室－
工作－手册 Ⅳ. ① Q343-62

中国版本图书馆 CIP 数据核字（2020）第 159246 号

书　名	细胞遗传学实验室简明工作手册	
	XIBAO YICHUANXUE SHIYANSHI JIANMING GONGZUO SHOUCE	
编　著	赖　怡	
出　版	四川大学出版社	
地　址	成都市一环路南一段 24 号（610065）	
发　行	四川大学出版社	
书　号	ISBN 978-7-5690-3383-0	
印前制作	四川胜翔数码印务设计有限公司	
印　刷	四川盛图彩色印刷有限公司	
成品尺寸	146mm×210mm	
印　张	3.5	
字　数	69 千字	
版　次	2020 年 9 月第 1 版	
印　次	2022 年 4 月第 2 次印刷	
定　价	25.00 元	

◆ 读者邮购本书，请与本社发行科联系。
　电话：(028)85408408/(028)85401670/
　(028)86408023　邮政编码：610065
◆ 本社图书如有印装质量问题，请寄回出版社调换。
◆ 网址：http://press.scu.edu.cn

四川大学出版社
微信公众号

赖怡，女，硕士，副主任技师，现为四川大学华西第二医院产前诊断中心细胞遗传学实验室负责人。2006年泸州医学院本科毕业，2013年取得四川大学硕士学位。一直从事细胞遗传学染色体分析的相关工作，对细胞遗传学有浓厚兴趣，目前研究方向为人工智能在染色体核型分析中的应用。以第一作者发表文章数篇，主持省卫生健康委员会课题一项，并参与省部级课题多项。

序

　　细胞遗传学是一门"年轻"的学科。1956年，蒋有兴（Joe Hin Tjio）和Levan发现人类染色体的数目为46条，拉开了现代细胞遗传学研究的序幕。过去的几十年间，细胞遗传学的研究对象由非显带染色体转变为显带染色体，成像清晰度从低分辨率到高分辨率，研究内容从单纯的细胞遗传学到分子细胞遗传学、细胞基因组学，科学家们借助各种遗传学技术，使人类对染色体的认识不断深入。

　　染色体核型分析是细胞遗传学实验室的经典项目，包含细胞培养、染色体制备、核型分析及报告发放等环节。整个实验流程耗时长、手工操作步骤多、结果影响因素多。染色体分析环节存在正常变异，各种数目、结构异常，嵌合体等特殊情况。结果的核型描述应遵从人类染色体命名的国际规则（An International System for Human Cytogenomic Nomenclature，ISCN）。因此，细胞遗传学实验室的技术人员与其他检验人员的培养有所不同，在成为一名合格的技术人员之前，细胞遗传学实验室的技术人员一般需要六个月以上的理论学习、实验室训练和更长时间的制片和阅片实践。

赖怡老师编写的这本《细胞遗传学实验室简明工作手册》，篇幅短小，内容精悍，涵盖了细胞遗传学实验室工作的各个方面，概括了四川大学华西第二医院细胞遗传学实验室的工作流程和规范及赖怡老师多年的实验室工作经验，具有很强的可操作性和指导意义，非常适合本行业的初学者使用。《细胞遗传学实验室简明工作手册》分为四章：第一章介绍了细胞周期、染色体基础、ISCN核型描述的基本原则等理论知识；第二章介绍了染色体制备和分析流程、常见染色体异常及其核型；第三章介绍了实验室常用仪器，并收录了近几年新出现的自动化仪器（如自动细胞收获仪和全自动染色体滴片仪等）；第四章主要讲述细胞遗传学实验室的安全、质控、质量评价和实验室信息管理系统；附录为知情同意书、ISCN部分术语的缩写、染色体图谱举例等实用内容。

现在，国内细胞遗传学实验室约五百家，从业人员数千人，但有关细胞遗传学的中文参考书较少。这本《细胞遗传学实验室简明工作手册》是一个很好的尝试。我们期待业内有更多像赖怡老师这样的专家，不断总结经验，编写更多实用的细胞遗传学参考书，以满足相关从业人员的需求，进而推动临床细胞遗传学的研究，促进行业的发展！

王昊

2020年1月14日于杭州

前　言

　　近几年，随着国家"二孩政策"的推进，细胞遗传学产前诊断的需求呈爆发式的增长，而目前在临床实践中，染色体核型分析的实验操作、分析审核几乎完全依赖人工。因为培养一位熟练的细胞遗传学工作者需要很多年，细胞遗传学专业人才十分紧缺，大量的患者难以在基层医院得到及时专业的咨询和指导。因此我编著了《细胞遗传学实验室简明工作手册》一书，希望这本书能为细胞遗传学的初学者、基层妇产科医生和热爱细胞遗传学的读者提供一些帮助。

　　在此，真诚感谢王和教授和刘珊玲教授这些年对我的关心和悉心指导；感谢四川大学华西第二医院产前诊断中心细胞遗传学实验室的前辈刘之英老师这些年对我工作的指导；感谢细胞遗传学实验室的同事在平时工作中对我的支持；感谢杭州市妇产科医院王昊主任在本手册的编写过程中提供的指导和序言；感谢所有为本书提供大力支持和帮助的朋友。本书再次印刷时根据2020版的ISCN对之前的内容进行了修正。鉴于作者水平有限，本书难免有错误或不足的地方，诚望广大读者批评指正。

目　录

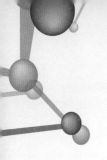

第一章

细胞遗传学概论

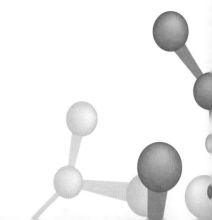

　　细胞遗传学是研究染色体形态、结构、病理、功能和行为的学科。研究染色体的最佳时期是细胞有丝分裂或减数分裂的中期。中期染色体可以来源于自发分裂的组织，也可以来源于被刺激分裂的培养细胞。自发分裂的组织包括骨髓、淋巴结、睾丸、胎盘绒毛、白血病血液、实体瘤、胸腹水、胎儿腹水或囊液，以及胎儿、新生儿血液。需要进行刺激分裂的细胞包括外周血淋巴细胞、羊水细胞、皮肤细胞和其他成纤维细胞。细胞遗传学的研究对象是细胞，我们先来了解一下细胞和细胞周期。

第一节 细胞与细胞周期

一、细胞与细胞周期

细胞是研究细胞遗传学的基础，细胞周期是指细胞从上一次分裂结束到下一次分裂结束所经历的全过程，分为分裂间期和分裂期。其中分裂间期又被分为DNA合成前期（G1期）、DNA合成期（S期）、DNA合成后期（G2期）。分裂期（M期）又被分为分裂前期（P）、中期（M）、后期（A）和末期（T）。分裂前期和中期之间还有一个时期，通常被认为是前中期。

右图显示了人类细胞周期的四个主要阶段和每个阶段相对应的时间：G1期（9小时）、S期（5小时）、G2期（3小时）和M期（1小

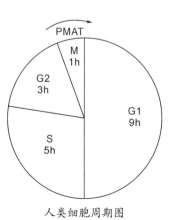

人类细胞周期图

时）。复制好的染色质在前期凝缩成可识别的染色体，核膜崩解。染色体排列在赤道板上，其上面的动粒与纺锤丝相连，而纺锤丝的另一端附着在细胞两极的中心体上。在分裂后期，纺锤丝将已复制的染色体臂拉向细胞两极，以便于分裂末期形成两个子细胞，此时核膜也重新形成。胞质分裂是指在子细胞之间形成新的细胞膜，分裂的结果是每个子细胞都有一套完整的、相同的遗传信息。

（一）有丝分裂

人类的二倍体（$2n$）染色体数量为46条。在细胞周期的S期，每条染色单体都会进行自我复制。S期结束时，细胞仍然是二倍体，染色单体的复制产生了由两条染色单体组成的染色体，每个细胞中的DNA含量翻倍。在进行有丝分裂时，染色体排列在赤道板上，然后每条染色体的两条姐妹染色单体分别进入一个子细胞。染色单体在下一个S期再次进行复制。有丝分裂可分为四个阶段：前期、中期、后期和末期，前期和中期之间为前中期，见下表。

细胞有丝分裂分期表

分期	染色体	核仁	核膜	纺锤体
前期	两条细线状染色单体进行螺旋缠绕	光镜下无法看到	开始崩解	正在形成
前中期	较长，分散到细胞质中，被胞质膜包裹	光镜下无法看到	崩解	纺锤丝没有结合着丝粒
中期	较短，处于最大凝缩状态，排列在赤道板上	无	无	完全形成
后期	染色单体分离	无	无	染色体随着纺锤丝移动到细胞两极
末期	染色体解聚	重新出现	再次形成	无

（二）减数分裂

减数分裂常被称为减半分裂，进行减数分裂后，每个子细胞中的染色体数目减少为单倍体（n）数目，人类则减少为23条染色体。减数分裂发生于生殖器官，即卵巢和睾丸。该过程中，睾丸中的初级精母细胞和卵巢中的初级卵母细胞分别转化为单倍体的精子细胞和卵细胞。在受精时，卵子和精子融合，形成了二倍体受精卵。减数分裂不同于有丝分裂，它形成了四个独立的单倍体细胞核，并且通过交叉互换产生了新的基因组合，使得子代的染色体成为亲本染色体的重组染色体。

减数分裂共进行两次核分裂，分别为减数分裂Ⅰ和减数分裂Ⅱ。在减数分裂Ⅰ时期，同源染色体分离；而在减数分裂Ⅱ时期，姐妹染色单体分离（类似于有丝分裂）。减数分裂最终产生四个子细胞，每个都具有一套单倍体染色体。雌性的四个子细胞中只有一个能成为有活力的卵子，其余都发育为极体。雄性的四个子细胞都能发育为精子。

与有丝分裂相比，减数分裂是一个漫长且复杂的过程。与有丝分裂一样，减数分裂的每个阶段也都有前期、中期、后期和末期。前期非常复杂，又可分为五个连续的子阶段：细线期、偶线期、粗线期、双线期和终变期。

第二节　染色体基础知识

一、染色体的形态和分组

根据染色体大小递减的顺序和着丝粒（cen）的位置，染色体可分为七组，见下表。

染色体分组及形态特征

分组	染色体号数	染色体形态特征
A组	（1~3）	A组为染色体组中最大的染色体。其中1号和3号染色体为中着丝粒染色体，1号染色体比3号染色体长，2号染色体为略偏亚中着丝粒染色体
B组	（4~5）	B组由两对较大染色体组成，是明显的亚中着丝粒染色体。短臂长度大约是长臂长度的1/4。没有进行显带处理时，研究者无法准确区分4号和5号染色体
C组	（6~12，X）	C组为中等大小的亚中着丝粒染色体。C组包含的染色体数目最多，通过显带、非显带染色体核型分析，该组都难以区分。X染色体在大小、形状上与该组染色体相似，故X染色体可被列入C组染色体。在非显带的情况下，这些染色体不能被单独分开。按长短顺序排列，最大的是6号染色体。X染色体与7号染色体大小接近，但是X染色体的着丝粒较7号染色体稍偏向中心。11号染色体的着丝粒位置是C组染色体中最接近中心的；9号染色体的长短是多变的，其长度取决于长臂异染色质区的长短。8号、10号、12号染色体的着丝粒在染色体纵轴相对较高的位置，也是C组中着丝粒位置离中心相对较远的几对染色体，而12号染色体为该组中着丝点位置最高的一对染色体

续表

分组	染色体号数	染色体形态特征
D组	（13~15）	D组为中等大小、带有随体的近端着丝粒染色体。在非显带染色体分析中，这三对染色体看起来很相似。染色体短臂很短，通常在短臂上可见到长短及着色深浅不一的卫星DNA片段
E组	（16~18）	E组为较短的中着丝粒和亚中着丝粒染色体。E组染色体大小与D组相近，但E组染色体均有明显的短臂。16号是中着丝粒染色体，17号和18号则是亚中着丝粒染色体。18号是该组中短臂最短的染色体，也是该组中着丝粒离中心最远的染色体
F组	（19~20）	F组为两对较小的中着丝粒染色体，未经显带处理，研究者无法鉴别区分
G组	（21~22，Y）	G组为短而带随体的近端着丝粒染色体，Y染色体无随体。21号和22号为较小的近端着丝粒染色体，短臂上通常携带有卫星DNA片段，与D组染色体相似，但相对较小。Y染色体的大小在不同个体中有差异，尽管Y染色体短臂没有携带卫星DNA片段，但是其大小可与另外两个G组染色体相似，也可比18号染色体大。Y染色体的短臂很短，且其两边长臂比21号和22号染色体的更加平行

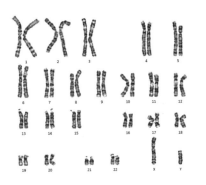

图示染色体核型结果为：46,XY

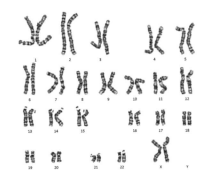

图示染色体核型结果为：46,XX

二、染色体的结构及区带命名

p和q分别表示染色体的短臂和长臂，着丝粒本身定义为10，其向着短臂的部分称为p10，向着长臂的部分称为q10。每条臂上与着丝粒相邻的区为1区，稍远的区为2区，以此类推。作为界标的带属于该界标远端的区，并且该带常被界定为该区的1号带。

在命名一个特定的带时，一般需要四个符号：染色体编号、臂的符号、区号、该带在所属区的带号。这些条件需要连续列出，中间没有空格和间断。例如1p31表示1号染色体短臂3区1带。如果一条带被细分为亚带，则在该带后面加小数点，再沿着丝粒向两端，从小到大列出亚带编号（如1p31.1）。如果亚带再细分，则只附加数字，中间不插入标记，例如，1p31.1可进一步分为1p31.11，1p31.12等。

三、核型描述的基本原则

（1）描述核型时，先列出染色体数目、性染色体组成，再依次列出所发现的染色体异常，中间以逗号隔开。如：

46,XX 正常女性；46,XY 正常男性

（2）描述染色体异常时，首先列出性染色体异常（先X后Y），再描述常染色体异常，依照染色体编号的顺序(1~22)依次列出。如：

46,XY,−8,+21

该式表示一条8号染色体丢失，一条21号染色体增加，8号丢失位于21号增加之前。

（3）同一编号的同源染色体如果既发生数目异常，又发生结构异常，则先列出数目异常，再列出结构异常。如：

45,XY,−21,del(21)(q21)

该式表示一条21号染色体丢失，另一条21号染色体的q21远端片段缺失，数目异常先于结构异常。

（4）同一编号的多条同源染色体均发生结构异常时，则按代表异常的字母顺序依次列出。如：

46,XY,add(1)(p31),del(1)(q31)

该式表示一条1号染色体p31远端片段被不明来源的染色体替代，另一条1号染色体q31远端片段缺失。

（5）同一条染色体发生多个结构异常，按先短臂后长臂的顺序依次列出发生的异常，中间不以逗号隔开（表示是同一个染色体），此时这条染色体为衍生染色体，描述前应加der。如：

46,XY,der(1)t(1;3)(p32;q21)dup(1)(q25q42)

该式表示一条1号衍生染色体由t(1;3)产生，断裂位点位于1p32和3q21，同时还发生了1q25q42的长臂片段的重复。

（6）未知着丝粒来源的衍生染色体应列在所有可辨别着丝粒的染色体畸变之后，但置于不能辨别的环状染色体、标记染色体和双微体之前。如：

53,XX,…,+der(?)t(?;9)(?;q22),+r,+mar,dmin

四、染色体正常变异的描述

染色体的正常变异也被称为多态，主要包括染色体的异染色质区、随体及随体柄的变异。染色体的正常变异也可以分为长度、数目、位置的变异。

（一）长度变异的描述

长度的变异可通过在异染色质片段（hetero-chromatin segments，h）、随体柄（stalks，stk）或随体（satellites，s）对应的符号（h，stk，s）后加上（+）或（−）号来描述，举例如下。

16qh+表示16号染色体长臂的异染色质区长度增加。

Yqh–表示Y染色体长臂异染色质区长度减少。

21ps+表示21号染色体短臂的随体长度增加。

22pstk+表示22号染色体短臂的随体柄长度增加。

13cenh+pat表示13号染色体的着丝粒异染色质区长度增加，遗传自父亲。

14cenh+pstk+ps+表示同一条14号染色体着丝粒异染色质区、短臂的随体柄和随体长度都增加。

（二）数目和位置变异的描述

17ps表示17号染色体短臂出现随体。

Yqs表示Y染色体长臂出现随体。

9phqh表示9号染色体长臂和短臂出现异染色质。

9ph表示9号染色体短臂出现异染色质。

1q41h表示1号染色体q41出现异染色质。

21pss表示21号染色体短臂出现双随体。

14pstkstk表示14号染色体短臂出现双随体柄。

inv(9)(p12q13)表示9号染色体的臂间倒位。

inv(2)(p11.2q13)表示2号染色体的臂间倒位。

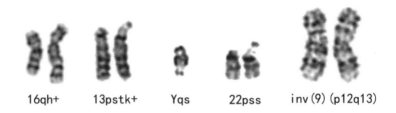

16qh+　　　13pstk+　　　Yqs　　　22pss　　　inv（9）（p12q13）

常见的染色体正常变异

五、染色体异常的描述

（一）常见染色体数目异常的描述

（1）47,XX,+21表示21三体核型。

（2）47,XY,+18表示18三体核型。

（3）47,XX,+13表示13三体核型。

（4）48,XX,+13,+21表示13三体和21三体核型。

注意：如果发生性染色体的数目异常，应直接写性染色体的组成，而不能用+X，+Y等描述（+X，+Y用于肿瘤中性染色体异常时的描述）。

（5）45,X表示Turner综合征核型。

（6）47,XXX表示XXX综合征核型。

（7）47,XXY表示Klinefelter综合征核型。

（8）47,XYY表示XYY综合征核型。

（二）常见染色体结构异常的描述

1.染色体结构异常

染色体结构异常可分为缺失、重复、插入、倒位、易位等，见下表：

染色体结构异常的描述

异常类型	缩写符	解释	举例
缺失	del	染色体末端和中间的缺失	46,XX,del(5)(q13)表示5q13处断裂的末端缺失。剩下的染色体由完整的5号染色体短臂和着丝粒到5q13的部分长臂组成。46,XX,del(5)(q13q33)表示中间缺失，断裂位点和重接点位于 5q13 和 5q33。这两条带之间的片段发生缺失
重复	dup	染色体片段的重复	46,XX,dup(1)(q22q25)表示1q22 到 1q25 片段的正向重复

续表

异常类型	缩写符	解释	举例
插入	ins	一条染色体的片段重排到这条染色体的另一个断裂位点或其他染色体的断裂位点，即插入。插入片段的方向用其条带顺序与着丝粒的关系来表示	46,XX,ins(2)(p13q21q31) 表示长臂 2q21 和 2q31 之间的片段插入短臂的 2p13 位置。 46,XX,ins(5;2)(p14;q22q32) 表示2号长臂的 2q22 和 2q32 之间的片段插入5号染色体的短臂 5p14 位置，插入后片段的方向保持不变，即 2q22 比 2q32 离受体染色体短臂末端更近。注意先标出受体染色体
倒位	inv	一条染色体上发生断裂和重接，使这条染色体的区带位置发生变化，即倒位。倒位可分为臂内倒位和臂间倒位	46,XX,inv(2)(p23p13)表示臂内倒位，断裂和重接于 2p13 和 2p23，首先列出离短臂末端更近的 p23

续表

异常类型	缩写符	解释	举例
易位	t	两条及两条以上的染色体之间发生的染色体片段的断裂和交换。首先列出性染色体或具有最小编号的常染色体，接着列出从前一染色体接受片段的染色体，以此类推，最末列出的染色体是向第一个染色体提供片段的染色体	46,XY,t(2;5)(q21;q31)表示断裂和重接发生于 2q21 和 5p31，断裂位点的远端片段发生互换。46,X,t(X;22;1)(q24;q11.2;p33)表示一条 X 染色体 Xq24 的远端片段易位至 22号染色体的 22q11.2，22q11.2 的远端片段易位至 1 号染色体的 1p33，1p33 的远端片段易位至 X 染色体的 Xq24

续表

异常类型	缩写符	解释	举例
整臂易位	t	整臂易位属于易位的一种特殊形式，染色体按照其形态将其断裂位点定位于着丝粒条带 p10 和 q10，在平衡等臂交换中，性染色体或编号最小的常染色体的断裂位点定为 p10	46,XY,t(1;3)(p10;p10)表示 1号染色体的短臂和3号染色体的短臂、1号染色体的长臂和3号染色体的长臂分别在着丝粒区断裂重接，而产生的相互整臂易位

续表

异常类型	缩写符	解释	举例
罗伯逊易位	rob或der	罗伯逊易位是指由13~15号和21~22号染色体断裂重接产生的特殊类型易位，断裂位点大多发生在短臂，形成双着丝粒染色体。断裂也可分别发生在两条染色体的短臂和长臂。罗伯逊易位通常带有短臂的自发性丢失	45,XX,rob(13;21)(q10;q10)或45,XX,der(13;21)(q10;q10)表示断裂和重接发生于13号染色体着丝粒的13q10带和21号染色体着丝粒的21q10带
双着丝粒染色体	dic描述双着丝粒染色体，idic描述等臂双着丝粒染色体	一条染色体上有两个着丝粒，由于有两个着丝粒，有丝分裂时会将染色体往两个方向拉，通常这种染色体不稳定	45,XX,dic(13;13)(q14;q32)表示两条同源13号染色体分别在13q14和13q32发生断裂和重接，从而组成一条双着丝粒染色体。46,X,idic(Y)(q12)表示Y姐妹染色单体的Yq12发生断裂和重接，形成一条等臂双着丝粒染色体

续表

异常类型	缩写符	解释	举例
假双着丝粒染色体	psu dic	假双着丝粒染色体是一种双着丝粒染色体结构，但其中只有一个着丝粒具有活性，描述时首先列出活性着丝粒所在染色体的编号（根据大多数核型的形态推断）	45,XX,psu dic(15;13)(q12;q12)表示假双着丝粒染色体替代一条13号和一条15号染色体。首先列出的15号染色体的着丝粒是有活性的。如果不能确定活性着丝粒，则列出编号最小的染色体
等臂染色体	i	依据等臂染色体形态，其断裂位点定位于着丝粒条带 p10 或 q10	46,XX,i(17)(q10)表示17号长臂等臂染色体，因此断裂位点定位于17q10

异常类型	缩写符	解释	举例
标记染色体	mar	标记染色体是指不能通过细胞遗传学常规显带方法辨别的结构畸变的染色体	47,XX,+mar表示发现一条标记染色体
环状染色体	r	环状染色体可由一条或多条染色体组成，当环状染色体的来源未知时，在核型描述的最后写上 r，前面加上（+）	46,XX,r(7)(p22q36)表示环状染色体，断裂和重接发生于7p22 和 7q36，这些断裂位点的远端片段缺失。46,XX,der(1)r(1;3)(p36.1q23;q21q27)表示环状染色体，由1号染色体1p36.1、1q23断裂形成的片段和3号染色体3q21、3q27之间的无着丝粒片段环接形成

续表

异常类型	缩写符	解释	举例
衍生染色体	der	衍生染色体是一种由两条以上染色体的重排或由一条染色体发生多种畸变而产生的结构重排染色体。描述时先写der，然后按照前述基本规则，依次列出所发生的染色体重排	一条染色体发生多种重排：46,XY,der(9)inv(9)(p23p13)del(9)(q22q33)表示衍生9号染色体，由短臂的倒位和长臂的中间缺失产生，从短臂到长臂依次描述。 两条以上染色体发生重排：46,Y,der(X)t(X;8)(p22.3;q24.1)表示男性核型，有一条衍生 X 染色体，由Xp22.3 和 8q24.1 断裂后染色体片段相互易位产生，易位的描述中先列出X染色体，再列出8号染色体。 46,XX,der(1)t(1;3)(p32;q21)t(1;11)(q25;q13)表示由两次易位产生的1号衍生染色体，断裂位点分别位于1p32、3q21和1q25、11q13，应按照1号染色体的断裂位点的顺序，从短臂到长臂依次列出

续表

异常类型	缩写符	解释	举例
重组染色体	rec	重组染色体是指减数分裂中由于交叉互换而产生的具有新的结构的重排染色体，该术语不能用于描述获得性的染色体异常。若父母的核型未知或未发现父母染色体倒位，那么该异常染色体应该用der，而不用rec描述	46,XX,rec(6)dup(6p)inv(6)(p22.2q25.2)dmat表示母亲减数分裂的交叉互换产生一条重组的6号染色体，该染色体包含6pter到6p22.2片段的重复和6q25.2到6qter片段的缺失。其母亲是6p22.2到6q25.2片段倒位的携带者

2.嵌合体的描述

如发现核型中有不同的异常细胞系，则应按照所计数的细胞数量多少，依次列出每一种细胞系的核型，并在核型后面的方括号内列出细胞数量，不同克隆之间用正斜线（/）隔开，如果有正常的二倍体克隆，则无论其数量多少，均在核型的最后列出，例如：mos 45,X[15]/47,XXX[10]/46,XX[23]。为了区分同源嵌合体（mosaic，来自同一合子的细胞系）和异源嵌合体（chimera，来自不同合子的细胞系），我们可在核型的描述前分别标上mos或chi，例如：mos 45,X/46,XX和chi 46,XX/46,XY。一般而言，染色体丢失时，至少要发现三个细胞同时丢失同一条染色体，才能认为这是同一个细胞系；染色体增加时，则至少要有两个细胞增加同一条染色体，才能认为是同一个细胞系。

3.异常核型亲本来源的描述

如果异常核型是从母方或父方遗传而来的，我们可在异常描述后面分别写上mat（母源）或pat（父源）来表示其来源，例如：46,XY,t(5;6)(q34;q23)mat,inv(14)(q12q31)pat。如果子代只遗传了父母的一部分异常染色体，如平衡易位染色体中的一条，则用dmat或dpat来描述。如果父母双方的染色体都是正常的，染色体异常为新发生的，则可用dn描述，例如：46,XY,der(5)t(5;6)(q34;q23)dmat,inv(14)(q12q31)dn。

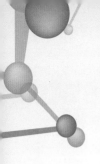

第二章

染色体实验及分析流程

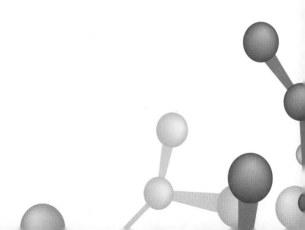

第一节 细胞遗传学实验室常用试剂及耗材

一、常用试剂

1.培养基

培养基是细胞培养的基础，稳定的培养基有利于成功收获染色体。目前市面上有多种商品化的培养基，研究者可根据实验室的条件和要求选择不同的培养基，以达到更稳定的实验效果。

2.同步化试剂

同步化试剂可调节细胞周期，使研究者得到更多的中期分裂相。目前市面上有多种分装的、商品化的同步化试剂，研究者可根据实验室对染色体的要求，选择不同的同步化试剂。

3.秋水仙胺和秋水仙素

秋水仙胺和秋水仙素均为细胞分裂时的微管微丝抑制剂，可抑制纺锤丝的形成，从而达到抑制细胞分裂、使细胞同步到中期的目的。

4.低渗液

根据样本种类不同，研究者可配置不同的低渗液。

外周血低渗液常用0.075mol/L氯化钾配置。有效期1年，常温保存。

羊水低渗液的配置方法为：0.4%氯化钾∶0.4%柠檬酸钠=1∶1。有效期1年，常温保存。

5.固定液

固定液为甲醇和冰醋酸的混合溶液，一般配置比例为甲醇∶冰醋酸＝3∶1，也可视染色体滴片时的分散情况调整固定液比例，现用现配。

6.2%胰蛋白酶溶液

分析天平称10g胰蛋白酶，溶于500mL生理盐水中，分装至15mL离心管里。有效期1年，−20℃保存。

7.染液

G显带最常用吉姆萨染液，原因是其非常稳定，且易于和核物质结合。一般可以单独用吉姆萨染液，也可以混合其他染液使用，在染色之前现配现用，需要加入缓冲液，染液和缓冲液的比例一般为1∶10至1∶15。

8.生理盐水

称取氯化钠9g，加蒸馏水至1000mL溶解。有效期1年，常温保存。

9. 5%氢氧化钡溶液

称取氢氧化钡2.5g，加蒸馏水至50mL溶解，现用现配。

10. 50% 硝酸银溶液

称取硝酸银5g、量取甲酸10μL，加蒸馏水至10mL，现用现配。

二、常用耗材

1.培养瓶

培养瓶有玻璃培养瓶和塑料培养瓶两种，常用的为塑料培养瓶，实际工作中常用的有T-25培养瓶和T-75培养瓶，瓶的底壁是供细胞贴壁生长的生长面，而其他内壁为非生长面。

2.培养皿

培养皿有玻璃培养皿和塑料培养皿两种，常用规格有120mm、100mm和60mm等，培养皿主要用于培养和分离组织，也可用于单细胞分离及单层细胞贴壁培养等实验。

3.离心管

离心管的大小需要满足自动细胞收获仪的要求，且离心后不易卡住。

4.玻片

操作时应选取干净均匀、重量均一、表面无油的玻片，如果某一批次的玻片制片效果满意，可多订一些该批次的玻片，以获得稳定效果。

5.其他

吸管、吸头、量筒、容量瓶、高压蒸汽灭菌铝盒、消毒纱布、消毒液、冻存管、试管架、研钵、烧杯、玻棒、染色缸、染色架、玻片板、酒精灯、标签、记号笔等。

第二节　细胞培养与染色体制备

一、实验前流程

门诊咨询→签署知情同意书→标本采集→标本运输

1.门诊咨询

门诊医生根据患者的实际情况，提供咨询并开具相关检查单。

2.签署知情同意书

签署知情同意书的目的是让患者了解检测方式、检测性质、合理的预期、检测的局限性和必要性、此次检测及检测后可能发生的风险、可能存在的其他替代方法。患者在进行检测前必须签署知情同意书，工作人员将与细胞遗传学相关的检测报告和知情同意书一起送回实验室。

3.标本采集

所有需要进行细胞遗传学培养的标本均需无菌采集，采集者可选用注射器、真空采血管、无菌玻璃试管、尿液收集杯及细胞遗传实验室提供的无菌培养皿、无菌塑料离心管来收集。不同标本的采集有不同的要求，有些标本，如固体组织、绒毛膜绒毛、流产物、实体瘤等，在运输过程中必须使用等渗盐水或其他运输介质，使其保持湿润，不能使用福尔马林固定。有时根据具体情况也可选择在标本采集后直接接种。

4.标本运输

标本需及时转运，如没有及时转运，需要在一定条件下存储，运输时避免剧烈震荡或高温导致的细胞死亡。

二、实验流程

（一）羊水染色体实验流程

标本接收→信息录入→接种→细胞培养→收获→制片→显带、染色→上机或显微镜检

1.标本接收

接收标本时，工作人员需要获取患者姓名、年龄、就诊原因

及标本取材时间等信息，并核对知情同意书上的签名是否与标本信息匹配，登记标本的性状及标本量，这对后续的培养、收获及分析非常重要。如果培养失败，实验室工作人员也能根据登记信息查找原因。

2.信息录入

工作人员将标本和知情同意书一起送到细胞遗传学实验室后，立即按照实验室对标本的编号规则对标本进行编号，并将标本信息录入实验室信息系统（Laboratory Information System, LIS）中，打印出当天需接种标本的唯一编码。

3.接种

在超净工作台或生物安全柜中进行标本的接种。标本离心后去盖吸上清，留取1.5mL左右的羊水，再加入1.5~2.0mL培养基，然后进行接种，接种时需双人核对患者信息和编码，且应进行无菌操作，防止污染。羊水细胞培养需要注意双线操作，操作需要培养基、培养箱及其他操作器具。

4.细胞培养

羊水细胞属于贴壁生长的细胞，需培养6~7天后才能开始观察，如出现较多的细胞克隆，可进行换液。换液时需根据细胞克隆的数量、厚薄、大小和类型进行综合判断。

5.收获

将达到收获标准的羊水培养瓶选出，加入秋水仙胺或秋水仙素，阻滞细胞的有丝分裂；加入羊水低渗液，对收获细胞进行低渗处理；再加入固定液快速杀死细胞并稳定细胞膜。以上操作均需按照实验标准操作规程（Standard Operating Procedure, SOP）进行。如要进行同步化处理，则需提前一天将达到收获标准的羊水培养瓶选出，按照SOP加入同步化试剂。羊水细胞的收获也需双线操作。

6.制片

制片是将细胞滴在玻片上，使细胞膜破裂，细胞膜内的染色体铺展的一个过程。为了得到更好的染色体，以保障顺利地出具诊断报告，每次制片前，操作人员应做预实验，预实验需观察染色体的分散程度、长短、形态、平铺等，预实验效果达到要求后，方可进行后续的制片操作。制片完成后，操作人员需要在玻片上贴上带有患者信息的二维码，一人贴、一人核对。核对完成后，操作人员将玻片放入烤箱中进行干燥老化。

7.显带、染色

常规的G显带是用胰蛋白酶和吉姆萨染液对染色体进行显带和染色后获得的。将老化后的玻片拿出烤箱，恢复至室温，同时进行显带、染色的预实验，预实验显带、染色的效果达到要求后，方可进行后续的显带、染色工作，操作人员需实时观察显带和染色情况，及时调整显带和染色条件。如遇到意外情况，操作人员可暂停显带、染色，多人一起讨论，分析出原因后再继续操作。

8.上机或显微镜检

制片完成后，操作人员就可以进行染色体的上机分析或直接进行显微镜检。

（二）外周血染色体实验流程

标本接收→信息录入→接种→细胞培养→收获→制片→显带、染色→上机或显微镜检

1.标本接收

接收标本时，工作人员需要获取患者姓名、年龄、就诊原因及抽血时间等信息，并核对知情同意书上的签名与否跟标本信息匹配，检查标本是否有异常，如有异常，实验室工作人员应联系临床工作人员，通知患者重新采血。

2.信息录入

工作人员将标本和知情同意书一起送到细胞遗传学实验室后，立即将标本的信息录入LIS中，并按照制定的培养和收获计划进行标本的储存或接种。工作人员将当天需要接种的外周血标本的唯一编码一式两份，一份贴于解冻后的培养管上，一份贴于标本上。

3.接种

在超净工作台或生物安全柜中进行外周血标本的接种。接种时操作人员将外周血采血管颠倒混匀后，取350~700μL到外周血

接种用培养管中，双人进行接种操作，接种时需双人核对患者信息和编码，应进行无菌操作，防止污染。新生儿和年龄较小的儿童的标本接种量需要减少一些，而放置时间较长的标本则需增加接种量，以提高培养成功率。

4.细胞培养

外周血细胞属于悬浮生长的细胞，培养时间约2~4天。

5.收获

选取培养箱中当天应收获的标本，加入秋水仙胺或秋水仙素，阻滞细胞的有丝分裂；加入外周血低渗液，对收获细胞进行低渗处理；再加入固定液快速杀死细胞并稳定细胞膜。以上操作均需按照实验SOP进行。

6.制片

为了得到更好的染色体，以保障顺利地出具诊断报告，制片时先滴一到两张片子，剩余细胞悬液置于冰箱保存至出报告。每次制片前，操作人员应做预实验，预实验需观察染色体的分散程度、长短、形态等，预实验效果达到要求后，方可进行后续的制片操作。制片完成后，操作人员需要在玻片上贴上带有患者信息的二维码，一人贴、一人核对。核对完成后，操作人员将玻片放入烤箱中进行干燥老化。

7.显带、染色

同羊水染色体实验流程。

8.上机或显微镜检

同羊水染色体实验流程。

三、实验后流程

完善实验记录，及时总结实验中遇到的问题并找到解决方案。

四、实验结果不佳的原因与解决办法

染色体实验过程步骤多，影响因素也很多，常见问题如下表：

染色体显微镜观察情况及实验结果不佳的原因与解决方法

染色体显微镜观察情况	可能原因	解决办法
细胞分裂指数低，显微镜下观察细胞少	培养基中的物质不稳定、植物凝集素（phytohemagglutinin，PHA）过期	更换培养基
显微镜下观察细胞多，染色体少	秋水仙胺或秋水仙素变质	更换秋水仙胺或秋水仙素
染色体形态不好，分散差	制片操作批间差异大	重新制片

续表

染色体显微镜观察情况	可能原因	解决办法
染色体有背景，细胞胞浆明显	低渗作用不够	更换低渗液或增加低渗液作用时间
染色体分散不佳	固定液比例不适合	调整固定液比例
染色体显带对比度太高，无过渡灰带区	制片过火时间太长、老化时间过长	缩短玻片老化时间
染色体显带对比度太低	制片过火时间不够、空气相对湿度过大、老化时间过短	增加过火时间、降低空气相对湿度、增加玻片老化时间
染色体显带不均	制片技术不过关、玻片没有清洗干净	提高制片技术、重新洗玻片
玻片上有划痕	制片后或染片时，玻片上的染色体被显微镜镜头或吸管等物体划伤	重新制片

　　实验中，操作人员应注意稳定各种影响细胞生长的因素，稳定加入的培养基的条件，稳定秋水仙胺或秋水仙素的加入量和浓

度，实验前检查低渗液和固定液是否可用，尽量稳定滴片时环境的温度和湿度，稳定滴片的玻片质量，稳定玻片的老化时间，稳定显带及染色条件。上述条件改变时，操作人员均需做预实验，预实验达到满意效果时才能更改实验条件，并将所有相关实验条件记录完整，以利于后续实验结果的分析。

第三节　染色体核型分析的流程

计数→分析→选图→录入核型结果→审核→发报告

1.计数

常规计数20个，记录所有的异常核型，如有异常，特别是出现嵌合体，可增加计数量。

2.分析

根据分析人员的个人经验，选择不同条带的、适宜分析的图，核型分析5个，排列正确所有的染色体，记录所有染色体的数量及结构异常。根据分析及计数的情况，综合分析，得出初步的核型结果，并记录。

3.选图

选择一幅条带清楚的核型图用于出报告。

4.录入核型结果

录入核型结果，并对正常核型结果进行计算机检索与匹配，防止录入错误，双人核对异常核型结果，确保录入正确，录入人员应点开每一幅图再次进行检查，防止核型图与核型结果不匹配。

5.审核

上级工作人员或同级的另一工作人员对报告进行审核，审核时需要再次检查所有染色体核型图是否排列正确、染色体核型结果是否录入正确、核型结果是否与临床诊断及其他相关检查符合，如果结果无误，则审核完成；如果染色体排列有问题，则返回分析人员处重新排列；如果审核人员对临床结果有疑问，可再次跟临床医生或患者进行确认沟通，以保证诊断报告的准确。染色体报告为诊断报告，医生诊断时需结合临床症状、相关分子诊断报告和染色体核型图像。

6.发报告

经核对无误后，工作人员将报告发放给患者。

一、核型分析规范

（一）羊水染色体核型分析规范

羊水染色体核型分析由两人共同完成，每位分析者负责分析一瓶细胞，按以下要求执行：

1. 计数

至少计数20个细胞，每位分析人员计数10个，记录观察到的染色体数目或结构异常，对可能为嵌合体的情况，按嵌合体诊断标准执行。

2. 分析

共分析5~6个细胞，每位分析人员分析2~3个，所分析细胞的染色体分辨率应达到320条带水平。

若发现怀疑为嵌合体的标本，诊断指征如下：

羊水染色体嵌合体诊断指征

	培养瓶法	原位法
需高强度额外工作指征	1.常染色体三体：2,5,8,9,12,13,14,15,16,18,20,21,22（SC，MC） 2.不平衡性结构重排（MC） 3.标记染色体（MC）	1.常染色体三体：2,5,8,9,12,13,14,15,16,18,20,21,22（SCo，MCo） 2.不平衡性结构重排（MCo） 3.标记染色体（MCo）

续表

需中强度额外工作指征	1.额外的性染色体（SC，MC） 2.常染色体三体：1,3,4,6,7,10,11,17,19（SC，MC） 3.45,X（MC） 4.除45,X以外的单体（MC） 5.标记染色体（SC） 6.平衡性结构重排（MC）	1.额外的性染色体（SCo，MCo） 2.常染色体三体：1,3,4,6,7,10,11,17,19（SCo，MCo） 3.45,X（SCo，MCo） 4.除45,X以外的单体（SCo，MCo） 5.标记染色体（SCo） 6.平衡性结构重排（MCo） 7.不平衡性结构重排（SCo）
无需额外工作的指征	1.45,X（SC） 2.不平衡性结构重排（SC） 3.平衡性结构重排（SC） 4.在着丝粒处断裂，从而丢失一臂（SC）	1.平衡性结构重排（SCo） 2.在着丝粒处断裂，从而丢失一臂（SCo）

注：SC（single cell single flask）指单个培养瓶中的单个细胞；

　　MC（multiple cells single flask）指单个培养瓶中的多个细胞；

　　SCo（single colony single dish）指单个培养皿中的单个集落；

　　MCo（multiple colonies single dish）指单个培养皿中的多个集落。

完成分析后在签名栏签名，并注明分析日期。

（二）外周血染色体核型分析规范

1.分析规则

每例标本需双人分析，一般情况下，核型分析5个中期细胞，计数20个中期细胞。第一位分析人员核型分析3个，第二位分析人员核型分析2个。正常情况下，第一位分析人员计数20个。

2.核型分析标准

分析人员应挑选形态、分散、显带、染色较好的中期细胞进行分析，所分析染色体的分辨率应达到400~500条带水平及以上。至少有两个染色体核型在500条带以上，进行核型分析的染色体不得少于44条，少于44的染色体分析结果仅作参考，不记录在分析记录单上。染色体数目为45时需分析核型。记录的5个核型分析图像均应排列正确，且够条数的染色体不能少于3个。

3.计数标准

（1）正常情况下，至少计数20个细胞，由第一位分析人员负责，其应记录任何观察到的染色体数目和结构异常，分析正常的染色体，数目应达46条。未达到46条的，则应记录增加或减少的染色体号数，进行计数的染色体数目不得少于44条。对于性染色体嵌合，计数的细胞数量增加至30个，由第一位分析人员负责，画"正"字记录在正常、异常的两列格子中。

（2）分析中发现47,XXX、47,XXY或47,XYY等染色体数目大于46条的情况时，至少计数30个细胞。若未再发现相同的异常核型，按正常结果录入LIS中；若在计数的30个细胞中再次发现相同异常核型，按嵌合体结果录入LIS中。

（3）分析中发现一个45,X时，至少计数30个细胞，未再发现45,X，按正常结果记录；发现两个45,X时，至少计数30个细胞，未再发现，按正常结果记录；若45,X的数量大于或等于3个，按嵌合体结果记录；在计数的30个细胞中若发现45,X的数量小于或等于2且47,XXX的数量等于1，需写入LIS备注中；在计数的30个细胞中若发现47,XXX的数量大于或等于2且45,X的数量小于或等于2，需写入核型结果；在计数的30个细胞中若发现45,X的数量大于或等于3且47,XXX的数量等于1，需写入核型结果。

（4）分析中发现结构异常（平衡性结构异常、不平衡性结构异常），针对特异性的异常将检查过的细胞进行核型分析，至少计数30个细胞。若再发现相同异常，结果记录为嵌合体结果；若未再发现相同异常，按正常结果记录，需写入LIS备注中。

（5）分析中发现其他染色体数目异常，如常染色体三体、标记染色体等情况，至少计数30个细胞，也可根据患者情况确定需要增加的细胞数。

4.其他

对于分析、计数未达上述要求的标本，不能勉强分析、计数，需要重滴或重新接种，如还达不到要求，需进行重新采血，以保证染色体报告的准确性。

二、染色体核型审核的基本要求

（1）分析人员完成分析及核对后进行报告的审核，审核时需要对照分析单，再次核对所有已分析的核型，确认病例是否达到相应的计数、分析要求（常规计数≥20个，分析≥5个；特殊情况下加大计数至30个或更多）。如未达到要求，告知相关分析人员补足，并确认所有核型的性别一致，如有不一致，相关人员应找到原因后再次审核报告。对于发现的可疑标记染色体（mar），相关人员应仔细核对是否为标记染色体或玻片上的杂质，并确认是否嵌合。

（2）相关人员依次查看核型图像的排列是否正确，每个细胞按照1~22,X,Y的顺序，对照其相应染色体条带水平，从短臂到长臂逐条分析，如有错误，在核型修改表上注明错误的具体情况，如某条染色体有遮盖，应查看其他核型中的染色体，确保5个核型中2个以上该号的同源染色体均无遮盖，如不能满足，应挑选较好的染色体重新分析，防止漏诊。核型图像报告参照《染色体核型检验诊断报告模式专家共识》，要求如下：

1）显带清楚，选择分辨率相对较高、带纹清晰的中期分裂相进行分析，并出报告；

2）对齐排列，染色体着丝粒对齐靠近，如果染色体单体有弯曲，配对排列时，通常弯向左侧的染色体单体排列在左侧，弯向右侧的染色体单体排列在右侧；

3）异常靠右，如配对的染色体中出现1条染色体单体异常，按照正常的染色体在左侧、异常的染色体在右侧的原则排列。

（3）核型排列图中同源染色体间、相邻染色体间、上下排染色体间保持合理间距，不宜过疏或过密，上下排染色体间距以一个6号染色体短臂的长度为宜。

（4）再次检查核型命名是否正确，如有区带疑问，需跟分析人员进行讨论，确定后再行审核。

（5）对于有疑问的染色体，审核人员和分析人员需进行讨论或通知患者进行进一步检查后再行审核。

第四节　常见染色体异常及临床表现

染色体病可分为常染色体病和性染色体病，常染色体病的临床表现为：智力障碍，生长发育迟缓，器官畸形。性染色体病的临床表现为：部分患者有性发育不全或两性畸形，部分患者仅表现为生殖力下降、继发性闭经、智力中等或行为异常。

染色体病又可以分为数目异常染色体病和结构异常染色体病。

一、常见染色体数目异常

1.21三体综合征

又称唐氏综合征，是产前诊断中常见的非整倍体异常情况，该病的临床特征为生长发育迟缓、智力障碍、特殊面容。

21三体综合征可分为四种类型：

（1）21三体标准型：核型命名为47,X?,+21，该类患者数量约占21三体综合征患者总数的95%，21三体标准型由21号染色体在减数分裂过程中不分离或姐妹染色单体提前分离导致，减数分裂过程中不分离为最常见的情况，而

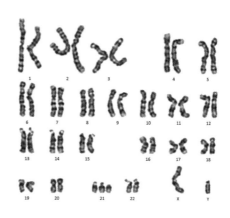

21 三体标准型核型图

其中90%发生在母源配子的减数分裂中，所以母亲年龄越大，其子代为21三体综合征患者的风险就越大。

（2）罗伯逊易位型：此类患者的数量约占21三体综合征患者总数的4%，核型的染色体数量为46，其中一条为D组或G组与21号染色体发生罗伯逊易位后产生的衍生染色体，基因剂量上多了一条21号染色体，所以表型也跟一般的21三体型一

样。最常见的罗伯逊易位型21三体核型命名为46,X?,rob(14;21)(q10;q10),+21。

（3）嵌合体型：核型命名为47,X?,+21/46,X?，是受精后体细胞有丝分裂染色体不分离造成的，患者表型可能比纯合的21三体型轻，这可能与胚胎中21三体型的细胞所占的比例有关。

（4）21部分三体：21号染色体长臂部分三体患者很罕见，该类疾病是由父母的21号染色体长臂与其他染色体发生了易位或21号染色体自身发生了倒位造成。

2.18三体综合征

又称Edwards综合征，在产前诊断中其发病率仅次于21三体综合征，该病的临床特征为多发畸形、生长发育迟缓，伴有胸骨短、特殊握拳姿势和手指弓形纹过多等。18三体综合征可分为三种类型：

（1）18三体标准型：核型命名为47,X?,+18，该类患者数量约占18三体综合征患者总数的80%，18三体标准型由18号染色体在减数分裂过程中不分离或姐妹染色单体不分离

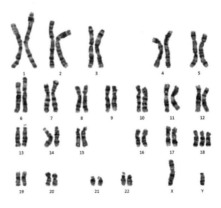

18三体标准型核型图

导致，与孕妇年龄有关。

（2）嵌合体型：核型命名为47,X?,+18/46,X?，嵌合体型由受精后体细胞有丝分裂染色体不分离造成，患者表型可能比纯合的18三体型轻，这可能与胚胎中18三体型细胞所占比例有关。

（3）多重三体：同时有18三体和其他染色体三体，罕见，机制不详。

3.13三体综合征

又称Patau综合征，该病的临床特征为生长发育迟缓、智力障碍、特殊面容。13三体综合征可分为四种类型：

（1）13三体标准型：核型命名为47,X?,+13，该类患者数量约占13三体综合征患者总数的80%，13三体标准型由13号染色体在减数分裂过程中不分离导致，而其中90%发生

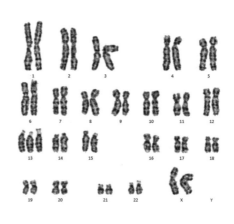

13三体标准型核型图

在母源配子的减数分裂中，所以母亲年龄越大，其子代为13三体综合征患者的风险就越大。

（2）罗伯逊易位型：此类患者的数量约占13三体综合征患

者总数的14%，核型的染色体数量为46，其中一条为D组或G组与13号染色体发生罗伯逊易位后产生的衍生染色体，基因剂量上多了一条13号染色体，所以表型也跟一般的13三体型一样。最常见的罗伯逊易位型13三体核型命名为46,X?, +13,rob(13;14)(q10;q10)。

（3）嵌合体型：核型命名为47,X?,+13/46,X?，是受精后体细胞有丝分裂染色体不分离造成的，通常为新发。

4.Turner综合征

是一种较常见的性染色体异常疾病，大多数Turner综合征胚胎在孕早期自然死亡，能出生的Turner综合征患者大部分没有严重畸形，主要的临床表现为：身材矮小、后发际低、颈蹼、胸平而宽、乳头间距宽及性发育异常。Turner综合征的主要核型类型：

（1）X单体：45,X；

（2）嵌合体：45,X/46,XX、45,X/47,XXX、45,X/47,XXX/46,XX；

（3）等臂X：46,X,i(X)(q10)、46,X,i(X)(q10)/45,X、46,X,i(X)(p10)、46,X,i(X)(p10)/45,X；

（4）X缺失：46,X,del(X)(p10~p22)、46,X,del(X)(q10~q28)；

（5）环状X：46,X,r(X)/45,X。

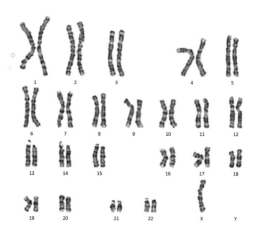

45,X 核型图

5.XXX综合征

又称超雌综合征，为性染色体异常疾病，患者智力中等，大多数47,XXX核型的女性可以生育，并且可以得到染色体正常的胎儿。XXX综合征是由于双亲配子形成时，在

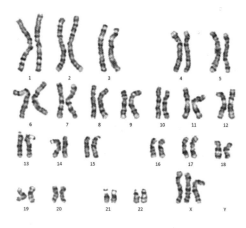

47,XXX 核型图

减数分裂过程中X染色体的同源染色体或姐妹染色单体不分离，导致其中部分配子比正常配子多一条X染色体，与正常配子结合

后形成47,XXX核型的合子。90%的异常由母源性的X染色体不分离形成，母源性中78%发生在第一次减数分裂，22%发生在第二次减数分裂；10%的异常由父源性的X染色体不分离形成。除了以上情况，还有一部分在受精卵的分裂早期发生性染色体的不分离，这样就形成了嵌合体。XXX综合征的常见核型有47,XXX、48,XXXX、49,XXXXX，X越多，临床症状越重。XXX综合征大多数为新发，再发风险低，但对已生育过XXX综合征患者的父母，如要再次生育时，需进行相关的产前检查和诊断。

6.Klinefelter综合征

是性染色体异常疾病，几乎所有患者无生育能力，部分患者较正常人智商稍低，其症状随X染色体的增多而加重，典型的体征为身材高大、性发育不良和男性乳房发育。性激素检查显示睾酮过低，促卵

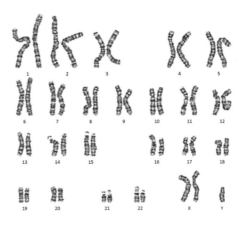

47,XXY 核型图

泡激素、黄体生成素过高，提示睾丸发育不良。精液常规检测提示无精或严重少弱精。Klinefelter综合征的常见核型有47,XXY、

48,XXXY、49,XXXXY及嵌合体型等。Klinefelter综合征大多数为新发，再发风险低，但对已生育过Klinefelter综合征患者的父母，如要再次生育时，需进行相关的产前检查和诊断。

7.47,XYY综合征

临床表现一般正常，可见身材高大、尿道下裂、睾丸发育不全、生育力下降，但大多数患者可以生育。

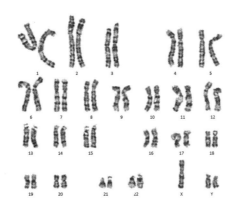

47,XYY 核型图

二、常见染色体结构异常

1.染色体易位

（1）平衡易位：染色体平衡易位是最常见的染色体结构异常，由于没有遗传物质剂量的改变，只是染色体的位置发生了改变，所以患者本人没有疾病表现，患者的生殖细胞在减数分裂中可形成三类配子：染色体结构正常的配子、与患者相同的平衡易位的配子及染色体遗传物质剂量异常的配子。最后一种类型的配子可造成不孕不育、流产、胎儿畸形等。根据分离方式不同，涉及两条平衡易位的染色体配子类型可分为2：2分离（对位分离、邻位-1分离、邻位-2分离）、3：1分离、4：0分离三种方式。每种分离方式可以产生不同的配子类型，因而理论上可以产生36种配子，但是这36种配子产生的概率并不是一样的，所以生育正常后代的概率也不是1/36。

　　四射体的空间构象也可能影响分离方式，如果易位染色体中有一条近端着丝粒，且断裂位点位于着丝粒附近或易位的两条染色体的长度极度不对称时，可导致3：1的分离比例上升，右图中的11号与22

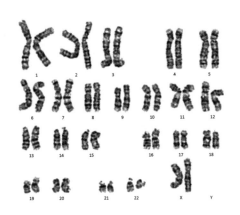

图示染色体核型结果为：
46,XX,t(11;22)(q23.3;q11.2)

号染色体易位核型的患者在生育时配子容易产生3：1的分离，可产生47,X?,+der(22)t(11;22)(q23.3;q11.2)核型，即Emanuel综合征患儿的核型。

　　一般来说，涉及的易位片段越大，流产的可能性越高；易位片段越小，怀孕至中晚期时胎儿畸形的可能性越大。

（2）罗伯逊易位：罗伯逊易位是发生在近端着丝粒染色体（D组和G组）的易位，通常会有两条染色体短臂的丢失和长臂的重接，但由于D组和G组染色体的短臂没有携带致病基因，所以患者一般不会有表型，但是在生育后代的时候可能出现不孕不育、流产、胎儿畸形等情况。

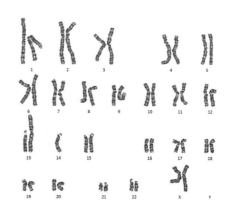

图示染色体核型结果为：
45,XX,rob(13;14)(q10;q10)

2.染色体倒位

染色体倒位是第二常见的染色体结构异常，由于没有遗传物质剂量的改变，只是染色体的位置发生了改变，所以患者没有疾病的表

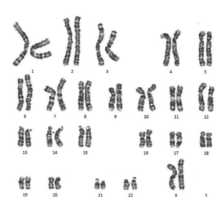

图示染色体核型结果为：
46,XX,inv(7)(p21p12)

现。染色体倒位分为臂内倒位和臂间倒位，图示为染色体臂内倒位。臂内倒位的患者会形成四种染色体配子，一种是完全正常的配子，一种是臂内倒位的配子，还有两种配子涉及遗传物质剂量异常：一种为染色体部分缺失的无着丝粒配子、另一种为染色体部分重复的双着丝粒配子。后面两种情况无法形成正常的胚胎，可造成胚胎早期死亡而导致流产。

3.染色体缺失

染色体缺失分为常染色体缺失和性染色体缺失。猫叫综合征是常见的染色体缺失综合征，该核型的患儿具有特殊面容、喉软骨发育不良、喂养困难、可发出猫叫样哭声等临床表现。5号染色体短臂缺

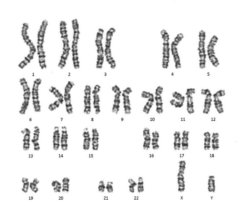

图示染色体核型结果为：46,XY,del(5)(p14)

失可以是5p15.2区域的缺失，也可以是整个短臂的缺失，缺失的片断越大，临床症状就越重。如怀疑为猫叫综合征，医生可以做染色体核型分析进行确诊，也可以进一步采用荧光原位杂交（flurescence in situ hybridization，FISH）技术或其他分子遗传学检测方法验证。

4.标记染色体

标记染色体分为新发生和遗传两类，是否具有致病性主要取决于标记染色体上是否携带重要基因。

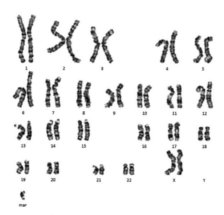

图示染色体核型结果为：47,XX,+mar

除了上述的易位、倒位、缺失和标记染色体，结构异常还包括插入、重复、衍生染色体、等臂染色体、环状染色体、双着丝粒染色体、均质染色体、染色体断裂等。根据每一种结构异常的不同，医生需要做个体化的遗传咨询，了解患者的需求，开具不同的检查单。除了经典的核型分析，很多小片段的异常需辅以分子遗传学的检测来进行确诊。

第
三
章

细胞遗传学实验室常用仪器

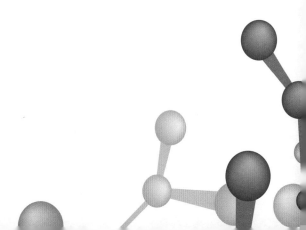

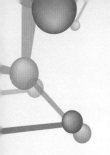

　　过去，染色体制备和分析流程本质上是一个手动操作的实验过程，基本的实验仪器包括：培养箱、离心机和显微镜等。随着自动化和智能化技术在细胞遗传学方面的应用不断普及，目前很多细胞遗传学实验室都引进了各种自动化仪器，这些自动化仪器在以下三个方面发挥了重要作用：

　　（1）自动化仪器提高了实验的准确性和可重复性；

　　（2）自动化仪器在一定程度上降低了实验技术人员的工作强度，提高了工作效率；

　　（3）自动化仪器提高了染色体分析人员的分析效率，降低了人员成本。

　　自动化仪器的开发和应用有助于操作人员进行样品处理、染色体制备和分析。自动化仪器主要包括：自动接种仪、自动细胞收获仪、染色体自动制片仪（或染色体分散仪）、自动染片仪、全自动染色体扫描仪等，相关系统包括计算机图像分析系统及正在进行研究的人工智能染色体选图分析系统等。

第一节 自动细胞收获仪

自动细胞收获仪的主要作用是模拟手工收获的过程，包括：秋水仙处理、低渗处理、预固定处理和固定处理，自动细胞收获仪应用于外周血、脐血和羊水细胞培养瓶法的染色体制备实验。

自动细胞收获仪进行细胞收获的主要操作流程包括：离心、吸液、加液、样品混匀等，其中的样品混匀方式跟手工收获有较大区别，为涡旋混匀，操作人员需在调试期间找到最佳的震荡力度和震荡时间，以达到稳定的收获效果。图为乐辰生物的CP-Ⅱ-64型自动细胞收获仪。

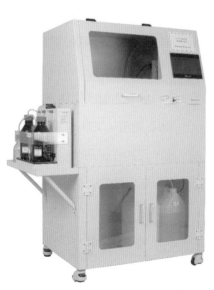

自动细胞收获仪

一、自动细胞收获仪操作流程

下面以乐辰生物的CP-Ⅱ-64型自动细胞收获仪为例进行介绍。

（1）开机与方法设定：设定和选择收获方法，确认本次收获的收获方法，如使用上次的收获方法，可不进行此项设定。

（2）上样：系统自动检测样品位置，进行平衡判断。

（3）运行收获流程：点击运行界面的运行键，启动收获流程。

（4）收获完成：系统发出短暂的提示音，表示收获完成，离心机停止旋转，打开机器门和离心腔室的有机玻璃门，取出收获样品，结束收获流程。

（5）管路清理：每批标本收获完成后，系统自动用预固定液瓶中的水清洗加液管路，以清除管路中残留的固定液。

（6）关机：关闭电源开关。

操作人员将自动细胞收获仪收获的细胞悬液进行稀释，调节到适当的细胞浓度，然后进行染色体滴片操作。

二、影响因素

1.相关试剂质量

相关试剂质量对自动细胞收获仪收获的细胞质量有非常大的影响。常见的影响收获细胞质量的试剂因素有：培养基质量、秋水仙素（秋水仙胺）质量、低渗液质量、甲醇和冰醋酸质量。当操作中出现严重的收获细胞质量问题时，操作人员首先要对相关试剂质量进行确认，排除试剂质量问题。培养基质量主要影响细胞生长状态，也可影响收获细胞染色体的数量和形态。秋水仙素（秋水仙胺）质量主要影响染色体形态。低渗液质量主要影响染色体形态和细胞形态，操作人员可以通过观察细胞形态对低渗液的质量进行辅助判断。甲醇质量主要影响染色体的染色。冰醋酸质量主要影响染色体的分散和形态，低质量冰醋酸可导致细胞碎片较多、形态不完整。

2.收获方法设定

操作人员可以对自动细胞收获仪的收获方法进行详细的设定，手动收获细胞时可以调整的技术参数，都可以在自动细胞收获仪上进行详细设定，每个细胞遗传学实验室可以设定本实验室最佳的收获方法，方法设定主要考虑以下因素：

（1）培养基的特点：使用不同的培养基时，收获方法需要调整。

（2）染色体质量要求：不同实验室的染色体显带质量、分辨率和染色体形态的要求不完全相同，方法设定时需要考虑这一因素的变化。

第二节 全自动染色体滴片仪

全自动染色体滴片仪主要应用于染色体制备的滴片过程。通过预先设定的程序，全自动染色体滴片仪可自动完成抓取载玻片、载玻片预处理、细胞样品混悬、吸细胞悬液滴片、放置载玻片等过程。滴片过程中，系统自动比对样品和载玻片条码，比对过程无人工操作，这样可以降低出错概率。滴片仪器的内腔相对较小，容易控温控湿，这样可以保证染色体分散的稳定性。图为乐辰生物的CP-AS-40型全自动染色体滴片仪。

全自动染色体滴片仪

一、全自动染色体滴片仪操作流程

下面以乐辰生物的CP-AS-40型全自动染色体滴片仪为例进行介绍。

1. 开机与方法设定

设定和选择滴片方法，确认本次滴片的方法，如使用上次的方法，可不进行此项设定。方法设定主要包括滴样量（每滴悬液体积）、滴数（每张载玻片的滴样数）、染色体的分析指数（调控染色体分散程度）和平台温度（调控染色体分散程度）。

设定枪头位：设定的枪头位表示装取枪头的起始位，不进行设定时，系统默认为1，即第1号枪头。滴片过程从设定枪头位开始，向后依次装取枪头。

设定玻片层：设定的玻片层表示载玻片装载的起始层数，不进行设定时，系统默认为1，即第1层（最下层）。

2. 上样

将收获好的样品依次放入滴片仪样品槽中，每个样品槽有8个样品位，样品位没有特定要求，可以随机上样。每个样品槽上样时，点击样品读码键，仪器自动录入样品管条码和样品位置。

样品管为15mL标准离心管，外径不超过17mm。样品体积范围为0.3~1.5mL，优选为1.0mL。

滴片前系统自动进行样品的混悬，混悬次数和体积可以设定。

3.装载玻片

载玻片台用于放置滴片用的载玻片。

载玻片需要预置条码，建议采用二维码，系统优选QR码。滴片过程中，系统自动录入载玻片条码，与样品条码进行比对，识别对应的样品位置。

4.滴片操作

点击运行键，系统自动进行滴片操作，完成温度和湿度控制、载玻片读码、取放载玻片、取脱移液枪头、混样和滴样等操作。

滴片结束，系统发出短暂的提示音，表示滴片完成，全部滴好的载玻片位于载玻片层架上。

5.废枪头和样品处理

每个样品滴片结束后，系统自动将枪头脱放于废枪头收集盒中，更换新的枪头。按实验室规定处理废枪头和剩余的细胞悬液。

6.关机

关闭电源开关。

二、影响因素

1.载玻片质量

载玻片的质量对染色体的分散程度有非常大的影响，许多染色体分散质量问题与载玻片的质量有关。高质量的载玻片（高清洁度的载玻片）表面天然亲水，沾水后能够形成均匀的水膜，有利于染色体分散。应用全自动染色体滴片仪进行滴片，无法对载玻片进行全面和彻底的浸泡，因而对载玻片表面洁净度的要求更高。

2.细胞悬液浓度

细胞悬液的浓度也对染色体的分散程度有很大影响。细胞悬液浓度越稀，染色体分散程度越高，但染色体数量越少；细胞悬液浓度越高，染色体分散程度越低，但染色体数量越多。实验中，操作人员需要综合考虑染色体的分散程度和数量，调节细胞悬液浓度。

3.滴数

滴数指每张载玻片表面的细胞悬液滴数，CP-AS-40型全自动染色体滴片仪支持1~3滴/载玻片模式，"一滴模式"下的染色体分散程度最佳。

4.平台温度

平台温度指染色体分散时，载玻片所处平台的温度，温度越高，固定液挥发越快。平台温度设定范围：25℃~28℃。

5.分散室的分散指数（温、湿度相关参数）

染色体的分散程度与分散指数成正相关，分散指数越高，染色体分散程度越大，但分散指数高到一定程度时，易产生胞浆污染，反而影响染色体的分散和后期的显带操作。

第三节　全自动染色体扫描仪

全自动染色体扫描仪可自动抓取载玻片，低倍镜扫描后自动加镜油进行油镜的扫描，扫描完成后自动传输扫描图像并将图像保存在服务器，分析人员可通过调取终端服务器上的图像进行分析。全自动染色体扫描仪的使用可省去人工在显微镜下找染色体分裂像的工作，能极大地提高工作效率。图为蔡司Axio Imager Z2型全自动染色体扫描仪。

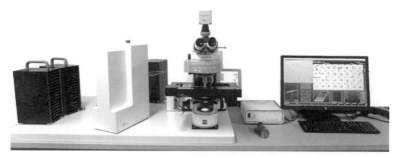

全自动染色体扫描仪

一、全自动染色体扫描仪操作流程

下面以蔡司Axio Imager Z2型全自动染色体扫描仪为例进行介绍。

（1）打开总电源，打开计算机。

（2）打开显微镜，等待初始化。

（3）点击扫描程序metafer，等待初始化。

（4）点击SF（初始化）。

（5）出现提示，检查确定载物台上无标本架。

（6）点击OK。

（7）如位置正常，点击Setup。

（8）在标本架上放入玻片，并检查玻片是否平整。

（9）选择标本架号。

（10）从右至左输入相应标本架号上每张玻片的标本号，一号位在最右边，选择Mode选项中"MSearchTL"，选择Classify选项中"MSearch-1"，选择Sen选项中"8"，选择Search Window选项中"whole slide"或"center N%"，选择Size选项中 "—"或根据需要选择百分比。如不需手工输入，即可输入"#"，再进行后续操作。

（11）如为手工输入，则需双人核对标本号或填写手工上片输入表。

（12）放入标本架并检查是否与箱内标本架号一致。

（13）将标本架推入箱中，并检查是否水平放好。

（14）检查油瓶中的油是否足够。

（15）点击Search。

（16）等待标本架移动到载物台后，旋转显微镜细准焦螺旋。

（17）点击OK。

（18）扫描完毕，仪器停在初始位后，取出标本架。

（19）将玻片按顺序从标本架上取出，放入片盒。

（20）退出程序，关计算机。

（21）关显微镜，关总电源。

二、注意要点

（1）核对患者信息与玻片位置。

（2）核对玻片安放是否妥当。

（3）检查油瓶中的油是否足够。

（4）核对玻片架是否放入相应的位置。

（5）核实扫描开始时是否对焦准确。

（6）对机器上任何部件的位置有一个准确的判断，明确是否可以进行扫描。

三、常见问题及解决办法

提示1：No cells, delete slide file?

原因：玻片上无细胞。

解决办法：点击Yes！

提示2：The automatic reference position procedure failed for at least one slide, please check log file.

原因：之前的扫描过程中至少有一张玻片没有完成扫描。

解决办法：点击OK，找到没有扫描的玻片重新进行扫描。

提示3：Time out for synchon message!

Axio imager command timed out!

Tango error#2:No executable instruction!

serial transmission failed!

原因：不清楚，系统问题。

解决办法：点击OK，再点击OK，退出程序，重新初始化。

提示4：Auto refpos is not enabled for all slide, search is being aborted!

原因：程序的设计问题，导致的输入与实际不符。

解决办法：关掉扫描程序，重新初始化。

提示5：Slide feeder error: Expected frame was not detected!

原因：跳板，输入的信息转到了另外一板。

解决办法: 关掉程序，初始化后重新输入。

提示6：ABS capture error：Timeout waiting for start of image transfer.

原因：机器休眠。

解决办法：点击OK。

提示7：Axio imager is not responding, retry?

原因：没打开显微镜电源。

解决办法：打开显微镜电源。

提示8：There was an error during saving one or more MSD files, please check log file.

Data disk "D:" is nearly full! Remaining space:95MB.

原因：存入扫描数据失败，D盘满了。

解决办法：删除D盘已保存的数据，再点击Cont。

提示9：Important: please restore the slide feeder manually to a valid starting position and restart Metafer (see manual, or contact Metasystems support).

原因：传送装置slide feeder的位置不对，需要复位。

解决办法：关闭计算机，然后手动将slide feeder推入箱内，开机，初始化。

出现Important的时候，操作人员应小心处理。

第四节 其他常用仪器设备

常用仪器设备

常用仪器设备	作用	建议最低配置数量
生物安全柜	接种羊水或外周血标本	1台
超净工作台	接种羊水或外周血标本	1台
普通离心机	离心羊水标本	2台
负压吸引器	负压吸引羊水上清	1台
二氧化碳培养箱	培养羊水标本	2台
恒温培养箱	培养外周血、脐血标本	1台
移动紫外消毒车	对培养间进行消毒	2台
恒温水浴箱	低渗、显带	2台

续表

常用仪器设备	作用	建议最低配置数量
恒温干燥箱	老化玻片	1台
医用冰箱	保存试剂或标本	2台
倒置显微镜	观察羊水细胞贴壁情况	1台
普通双目显微镜	观察染色体分散及显带、染色情况	2台
分析天平	配置试剂	1台
普通天平	配制试剂、称量玻片重量	1台
全自动纯水机	配置试剂	1台
计算机	录入标本信息或审核报告	2台

注：建议最低配置数量是指一个细胞遗传学实验室最低需要配置的数量。

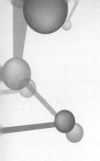

第四章

实验室管理篇

第一节　实验室安全

一、实验室环境与管理

（1）实验室中应该有安全信息牌，信息牌的内容包括安全责任人、涉及的危险类别、防护措施和应急联系电话。

（2）实验室应张贴相应的安全警示标识。

（3）实验室安全管理制度上墙，操作规程置于显眼位置。

（4）实验室有安全检查制度、检查记录及隐患整改制度。

（5）实验室有安全培训与应急演练记录，相关培训与演练至少一年一次。

（6）实验区与办公区明确分开，布局合理。

（7）公共场所、通道无堆放仪器、物品现象。

（8）实验室有门禁系统和24小时值守的保卫系统。

（9）实验室有安全检查记录及值班记录。

二、实验室安全设施与实验室水、电、消防安全

（1）消防器材配置完整，有逃生线路指示图，并安装了应急指示灯。

（2）灭火器配备数量合理，无灭火器过期现象，摆放位置利于取用，实验室人员熟知位置。

（3）实验室有定期的消防培训及记录。

（4）实验室有定期的消防巡查及记录。

（5）实验室有紧急喷淋装置和洗眼设备，且有巡查记录。

（6）紧急喷淋装置水管总阀处于常开状态，喷头下无障碍物，能正常出水。

（7）实验室配备急救箱。

（8）实验室无插头、插座不匹配或电线乱拉乱接的现象。

（9）大功率仪器有专用插座。

（10）抽风设备使用正常，风机无松动及异常噪音的现象。

三、危险化学品安全及生物安全

（1）实验室有记录危险化学品使用情况的动态台账，并有专人负责管理。

（2）防爆柜有专人负责管理，双人双锁。

（3）配置试剂的标签明确，存放规范。

（4）二氧化碳气瓶有专人负责管理，备用气瓶加钢盖。

（5）实验室废物应分类放置。

（6）实验室无医疗垃圾和生活垃圾混放现象。

四、安全制度及应急预案

（1）实验室有详细的、可执行的安全制度。

（2）实验室有详细的应急预案。

（3）定期对科室人员进行安全制度及应急预案方面的培训及考核，并有记录。

（4）设立安全员，负责实验室的安全检查，并有记录。

第二节　质量控制与质量保证

一、总体目标

1.准确及时地发放报告

始终准确及时地发放报告结果是细胞遗传学实验室的最终

目标。

2.持续改进和创新

在细胞遗传学实验室，实验室操作的持续改进和创新是一件非常重要的事情。因此，实验室管理者必须不断调研可用的新技术、设备，并不断优化实验室的实验和分析流程。

二、建立全方位的质量控制系统

为了准确及时地发放报告，实验室必须建立规范的制度，并严格按照制度内容执行。

1.实验方面

（1）试剂管理：细胞实验室操作需要的试剂繁多，且各试剂的保存时间和保存条件差异很大，实验室需要专人进行试剂的订购和管理，保证出入库记录清晰。

（2）实验流程管理：实验人员需要不断地对实验流程进行稳定和优化管理。

（3）预实验的开展：试剂批号更换和新方法建立后，需要进行预实验，预实验需用多余标本进行双线比对，合格后才能进行正式实验，每次预实验只能变动一个影响因素，并记录。

（4）差错记录：实验过程中可能出现各种意外情况，由于细胞遗传学的实验操作过程时间跨度大，不及时记录会造成出现问题找不到原因等后果，所以出现了任何可能影响结果的情况，实验人员应及时在差错记录本上记录，待结果出来后再进行分析。

2.分析方面

（1）分析正确率：实验室需要建立染色体核型抽检制度，每月有专人进行染色体核型分析和计数的抽检，如发现不合格，需要反馈给实验室管理者。

（2）读片会制度：实验室需建立严格的读片会讨论制度，发现有疑问的病例，相关人员需要全面搜集患者的病史资料，与医生及高年资的分析人员一起，对病例进行分析讨论，确定患者下一步的检查或诊断方案。

找到报告容易出错的地方，改进相关流程，如增加双人核对、建立计算机核查小程序等。

三、参加美国病理学家协会和国家卫生健康委员会临检中心室间质评

实验室质量控制的一个重要方面就是室间质评。美国病理学家协会（College of American Pathologists, CAP）的重要内容就是组织世界各地相关机构参与实验室能力验证活动（Proficiency Testing，PT）。我国卫生健康委员会临检中心的室间质评与之

相似。细胞遗传学方面的室间质评主要涉及核型分析，即对各种标本的染色体图像进行识别，分析排列后需按照ISCN的要求，规范地写出核型结果并上报。卫生健康委员会临检中心每年有两次对各申请实验室的室间质评，涉及细胞遗传学的内容为染色体图像的识别及核型书写，在搜集了所有实验室的提交数据后，临检中心发布室间质评结果报告，90分为通过。通过室间质评的学习，相关人员可以更加规范地掌握细胞遗传的核型命名方法。

第三节　实验室信息系统

实验室信息系统是实验室建设的重要部分，能极大地提高实验室的运转效率，对于手工操作比较多的细胞遗传学实验室，实验室信息系统的建设和完善是极其重要的。

大部分实验室已有LIS和医院信息系统（Hospital Information System, HIS），细胞遗传学的实验室信息系统需接入LIS和HIS，从接收标本开始，信息系统就可通过实验室的唯一编码实时监测标本状态。分析人员可以通过实验室信息系统方便地检索患者的相关信息，这有利于提升诊断的准确性。

标本标记：标本标记从接收标本开始，相关人员将标本和患者信息都录入LIS中，生成唯一的实验号，以条码的形式打印出来，分别标记标本、培养瓶、离心管、病人信息单、玻片。涉及多张玻片时，可以用不同的尾号进行标记。

实验流程电子化：实验室各种仪器或手工操作均需要电子化的记录表，即时记录，及时打印签字，按时存档。必须记录的项目包括：操作时间、操作人、操作项目、标本号。根据标本类别不同，实验操作记录可以不同：

（1）贴壁生长的细胞的实验操作记录可分为接种、换液、收获记录。

（2）悬浮生长的细胞的实验操作记录可分为接种、收获记录。

每项记录里面也需要包括所使用的仪器的可调参数和试剂耗材批号，这些信息可为每次调整仪器参数或更换试剂耗材批号提供依据。当实验出现问题的时候，相关人员也可以方便地调取实验记录进行分析。

数据结果电子化：数据结果包括图像、核型结果及患者信息。相关人员需定期将核型的异常结果进行导出或录入，电子化保存并分析总结。

实验室信息化可以极大地提高整个实验室的工作效率，实验室信息化的建设是细胞遗传学实验室必须重视和加强的地方。

参考文献

1.HSU L Y, KAFFE S, JENKINS E C, et al.Proposed guidelines for diagnosis of chromosome mosaicism in amniocytes based on data derived from chromosome mosaicism and pseudomosaicism studies[J]. Prenat Diagn，1992，2（7）：555-573.

2.MCGOWAN-JORDAN J，SIMONS A，SCHMID M. ISCN 2016：An international system for human cytogenomic nomenclature[M].New York：Karger，2016.

3.MARILYN S，ARSHAM，MARGARET J，et al.The AGT cytogenetics laboratory manual [M]．4th ed.New Jersey：Wiley-Blackwell，2017.

4.SHAFFER A G，SUNDIN K，GERETSCHLAEGER A，et al.Standards and guidelines for clinical genetics laboratories [J]. Hum Genet，2019，138（5）：493-499.

5.邬玲仟，张学.医学遗传学[M]．北京：人民卫生出版社，2016.

6.中国医师协会检验医师分会.染色体核型检验诊断报告模式专家共识[J]．中华医学杂志，2016，96（12）：933-936.

7.王昊.两条染色体平衡易位携带者配子类型的理论分析[J].中国优生与遗传杂志，2011，19（5）：1-2，8.

8.MCGOWAN-JORDAN J，HASTINGS R J，MOORE S.ISCN 2020：An international system for human cytogenomic nomenclature[M].Hartford：Karger，2020.

附录一 知情同意书

细胞遗传学产前诊断知情同意书

孕妇姓名：_____，年龄：_____岁，

登记号：_____，因_____要

求对其妊娠胎儿进行细胞遗传学产前诊断。样本类型：□羊水

□脐血 □绒毛 本次进行的检测方式为常见染色体非整倍体快速

检测及核型分析。经医务人员说明如下情况：

胎儿常见染色体非整倍体快速检测：

1.本项检测适用于诊断胎儿13三体、18三体、21三体、性染

色体数目异常，但对染色体结构异常不能诊断，对检测范围之外

的其他异常不能诊断。

2.受现有医学技术水平的影响，快速检测不可能达到百分之

百准确，例如某些嵌合体难以检出；可能存在各种原因，如细胞

过少、母体细胞污染（MCC）等，导致结果不准确或无法出结

果等。最终结果以最终产前诊断报告为准。

胎儿染色体核型分析：

本项检测适用于诊断胎儿细胞染色体数目异常及常规G显带320条带能够检出的染色体结构异常。胎儿细胞培养制备染色体分析的产前诊断技术，在培养、分析过程中可能出现以下情况：

1.通过本项检测，可以诊断染色体数目异常及常规G显带320条带能够检出的染色体结构异常，不能诊断染色体微小结构异常、某些染色体核型嵌合体、单基因遗传病、多基因遗传病或其他原因（如药物等）导致的胎儿畸形或异常。

2.有细胞培养失败的可能：由于活细胞量少、细胞活性差、血性羊水或感染等原因导致细胞生长较差或不生长，体外培养有失败的可能。如孕妇术前存在隐性感染或陈旧性出血，羊水细胞培养也可能因感染而失败。

3.如细胞培养失败则无法得到产前诊断结果。

4.如染色体可分析核型过少或形态较差时，也可能影响分析结果。

5.由于现有医学技术水平的局限性，本检测不可能做到百分之百准确。可能存在各种原因，如胎盘局限性嵌合（CPM）、母体细胞污染、低比例嵌合体、细胞过少等，导致结果不准确或无法得到结果。

6.如果本次检测失败，可能需要重新采样或采用其他采样方式进行胎儿细胞遗传学产前诊断。

7.必要时，需要进行父母的染色体分析，以助于鉴别胎儿染色体异常或异态性。

8.由于本检测技术存在局限性，您也可选择染色体高通量测序分析、染色体微阵列分析等其他技术进行产前诊断。

9.其他情况说明：＿＿＿＿＿＿＿＿＿＿＿＿＿＿＿＿＿＿＿。

孕妇知情选择：

●医务人员已经充分告知我将要进行的检测方式、性质、合理的预期、局限性、必要性、此次检测及检测后可能发生的风险、可能存在的其他的方法，并且解答了我关于此次检查的相关问题。经慎重考虑后，我自愿选择进行细胞遗传学产前诊断。

●我同意在检测中医务人员可以根据我的病情对预定的检测方式做出调整。

●我理解我的检测需要多位医务人员共同进行。

●我并未得到检测百分之百成功的许诺。

●我的检测废弃标本及检测结果资料可能用于医学研究，但不会对我造成任何不良后果，同时你院会对我的病史资料严格保密。□ 不同意用于医学研究

●我对该检测的方式、性质、合理的预期、局限性、必要性及风险表示完全理解，并承担相应的风险和后果，保证承担全部

所需费用。

孕妇签名（手印）：_____

身份证号：_____

孕妇配偶签名（手印）：_____

身份证号：_____

联系电话：1 _____

　　　　　 2 _____

签名日期：_____年____月____日

如果孕妇无法签署知情同意书，请其授权亲属/法定监护人
在此签名：

孕妇授权亲属/法定监护人签名（手印）：_____

身份证号：_____

与孕妇关系：_____

联系电话：_____

签名日期：_____年____月____日

医务人员陈述：

我已经告知孕妇将要进行的检测方式、性质、合理的预期、

局限性、必要性、此次检测及检测后可能发生的风险、可能存在的其他的方法，并且解答了孕妇关于此次检测的相关问题。

　　医务人员签名：＿＿＿＿＿＿＿＿＿

　　签名日期：＿＿＿＿＿年＿＿月＿＿日

外周血淋巴细胞染色体常规检查及

G显带核型分析知情同意书

受检者：_____，性别：_____，年龄：_____岁，登记号：_____，配偶姓名（如无则不填）：_____，年龄：_____岁，登记号：_____，因_____需要进行外周血淋巴细胞染色体常规检查及G显带核型分析。

本次检测前 □ 做过（并能提供报告复印件）染色体核型分析和（或）染色体微阵列分析（基因芯片）等相关染色体检查。

□ 未做过任何染色体检查

外周血淋巴细胞染色体常规检查及G显带核型分析是一项复杂的诊断技术，适用于诊断外周血淋巴细胞染色体数目异常及常规320条带能够检出的染色体结构异常（包括易位、倒位、缺失、重复等），医务人员说明如下情况：

1.根据国家行业标准，本项技术所分析的外周血淋巴细胞染色体G显带分辨率为320条带水平，故该技术不能发现染色体微小结构异常（包括微缺失、微重复、微小片段易位等）、单基因遗传病、多基因遗传病与线粒体遗传病等。

2.由于该诊断技术存在局限性，该项诊断难以发现比例较低的嵌合体。

3.由于受检者用药、感染，标本严重溶血、脂血及其他不明原因等导致的培养细胞生长较差或不生长，将无法得到诊断结果。若发生这种情况，我们将电话通知您重新采血，请您保持电话畅通。重新采血，仍有培养失败可能。

4.由于技术水平的提高，如显带水平的提高，有可能对之前报告进行修正，出具修正报告。

5.其他情况说明：_____。

受检者知情选择：

●医务人员已经充分告知我将要进行的检测方式、性质、合理的预期、局限性、必要性、此次检测及检测后可能发生的风险、可能存在的其他的方法，并且解答了我关于此次检查的相关问题。经慎重考虑后，我自愿选择进行外周血淋巴细胞染色体常规检查及G显带核型分析。

●我同意在检测中医务人员可以根据我的病情对预定的检测方式做出调整。

●我理解我的检测需要多位医务人员共同进行。

●我并未得到检测百分之百成功的许诺。

●我的检测废弃标本及检测结果资料可能用于医学研究，但不会对我造成任何不良后果，同时你院会对我的病史资料严格保

密。□ 不同意用于医学研究

●我对该检测的方式、性质、合理的预期、局限性、必要性及风险表示完全理解，并承担相应的风险和后果，保证承担全部所需费用。

●我已核实本次检测相关病历资料的真实性、有效性，如因信息错误及隐藏相关检查报告导致误诊及漏诊情况，我将自行承担后果。

受检者签名（手印）：_____

身份证号：_____

受检者电话1：_____

电话2（可填配偶或家属电话）：_____

签名日期：_____年____月____日

如果受检者无法签署知情同意书，请其授权亲属/法定监护人在此签名：

受检者授权亲属/法定监护人签名（手印）：_____

身份证号：_____

与受检者关系：_____联系电话：_____

签名日期：_____年____月____日

医务人员陈述：

我已经告知受检者将要进行的检测方式、性质、合理的预期、局限性、必要性、此次检测及检测后可能发生的风险、可能存在的其他的方法，并且解答了受检者关于此次检测的相关问题。

　　医务人员签名：＿＿＿＿＿＿＿＿＿

　　签名日期：＿＿＿＿＿年＿＿月＿＿日

附录二 染色体核型描述常用符号和术语缩写

染色体核型描述常用符号

+	新增染色体；长度的增加
−	丢失染色体，长度的减少
,	分隔染色体数目、性染色体和染色体结构异常
;	涉及一条以上的染色体结构重排，用来分隔各相关染色体和断裂位点
?	对某一染色体或染色体结构存在疑问
:	断裂
::	断裂和重接
[ ]	描述细胞数目
→	从→到，用于繁式体系描述
×	重排染色体的多个拷贝

染色体相关术语缩写

ace	无着丝粒片段	mos	同源嵌合体
add	不明来源的附加染色体片段	or	可能是二者之一
cen	着丝粒	p	短臂
chi	异源嵌合体	pat	父系来源
del	缺失	ps	染色体短臂上的随体
der	衍生染色体	psu dic	假双着丝粒染色体
dic	双着丝粒染色体	pter	短臂末端
dn	新发的	q	长臂
dup	重复	qter	长臂末端
h	异染色质区	r	环状染色体
i	等臂染色体	rec	重组染色体
ins	插入	s	随体
inv	倒位	stk	随体柄
mar	标记染色体	t	易位
mat	母系来源	ter	末端

附录三　ISCN 2020　G显带300条带染色体和550条带染色体模式图

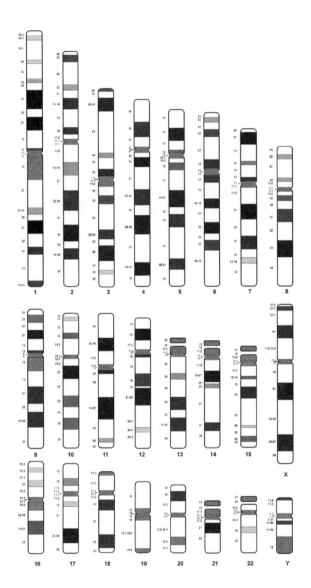

ISCN 2020 G 显带 300 条带染色体模式图

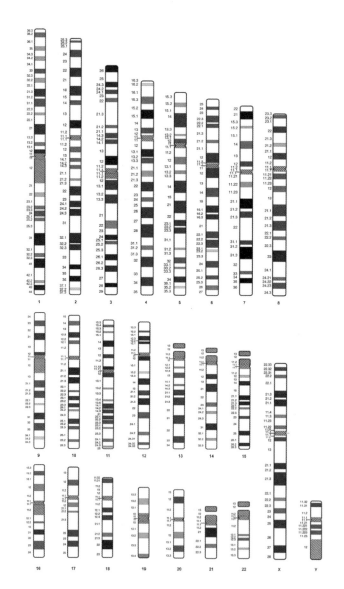

ISCN 2020 G 显带 550 条带染色体模式图